런런 옥스퍼드 수학

KB130611

5권

수학 종합

안녕!

안녕!

차 례

여러 가지 수 …… 2	10, 100으로 나누기 …… 26	대칭 …… 46
네 자리 수 …… 4	소수 …… 27	표와 그래프 …… 47
수의 순서 …… 6	화폐 …… 28	반올림 …… 48
곱셈표 연습 …… 7	빠르게 계산하기 …… 30	확인하기 …… 49
곱셈 문제 …… 8	문제 해결 (1) …… 32	음수 …… 50
막대그래프 …… 10	곱셈: 세로셈 …… 34	문제 해결 (2) …… 51
분수의 덧셈 …… 11	크기가 같은 분수 …… 35	분수 …… 52
각 …… 12	둘레와 넓이 …… 36	나눗셈: 세로셈 …… 54
$\frac{1}{10}$ …… 13	측정 단위 …… 38	나눗셈 전략 …… 55
$\frac{1}{100}$ …… 14	측정과 저울 …… 39	로마 숫자 …… 56
m와 km …… 16	좌표 …… 40	수 체계의 역사 …… 57
덧셈: 세로셈 …… 18	이동 …… 41	시간에 따른 자료의 변화 …… 58
뺄셈: 세로셈 …… 19	수학 법칙 …… 42	까다로운 퍼즐 …… 60
삼각형과 사각형 …… 20	나눗셈 …… 43	나의 실력 점검표 …… 62
암산하기 …… 22	문장형 문제 …… 44	정답 …… 64
시각과 시간 …… 24	반올림, 버림 …… 45	

여러 가지 수

1 홀수는 왼쪽에, 짝수는 오른쪽에 쓰세요.

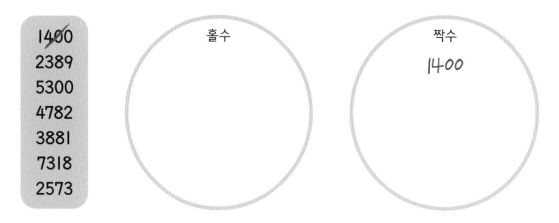

1400
2389
5300
4782
3881
7318
2573

홀수

짝수

1400

2 빈칸을 알맞게 채우세요.

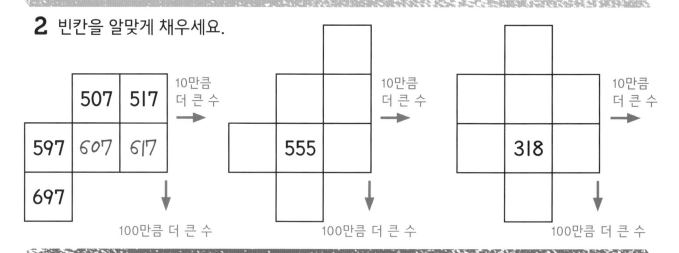

	507	517
597	607	617
697		

10만큼 더 큰 수 →

100만큼 더 큰 수

555

10만큼 더 큰 수 →

100만큼 더 큰 수

318

10만큼 더 큰 수 →

100만큼 더 큰 수

3 규칙에 맞게 빈칸에 알맞은 수를 쓰세요.

1 ◯ ◯ ◯ ◯ 461 561

2 ◯ ◯ 916 ◯ 936 ◯

4 더 큰 수에 색칠하세요.

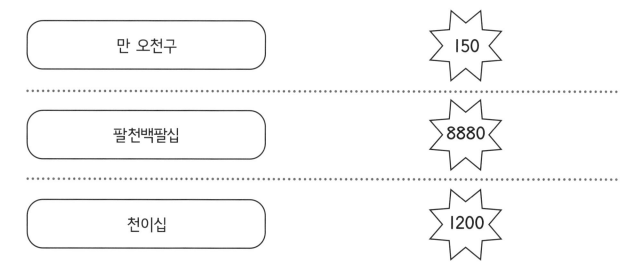

만 오천구   150

팔천백팔십   8880

천이십   1200

5 계산 결과가 83이 나오도록 빈칸에 4, 8, 3, 5를 알맞게 쓰세요.

$\boxed{}\boxed{}$ + $\boxed{}\boxed{}$ = 83

$\boxed{}\boxed{}$ + $\boxed{}\boxed{}$ = 83

$\boxed{}\boxed{}$ + $\boxed{}\boxed{}$ = 83

$\boxed{}\boxed{}$ + $\boxed{}\boxed{}$ = 83

4가지 방법이 있어. 다 찾을 수 있니?

6 더해서 1000이 되는 두 수를 찾아 같은 색으로 칠하세요.

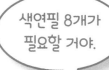

색연필 8개가 필요할 거야.

1

250	850	500	0
700	650	800	150
50	750	950	350
200	1000	500	300

2

322	415	669	585
160	678	6	463
79	537	994	726
331	274	921	840

7 1보다 작은 분수는 왼쪽에, 1보다 큰 분수는 오른쪽에 쓰세요.

$$\frac{3}{4} \quad \frac{5}{7} \quad \frac{7}{5} \quad \frac{3}{2} \quad \frac{1}{9} \quad \frac{6}{3} \quad \frac{1}{3} \quad \frac{5}{9} \quad \frac{5}{2} \quad \frac{6}{4} \quad \frac{7}{8}$$

1보다 작은 분수	1보다 큰 분수

칭찬 스티커를 붙이세요.

문제를 다 푼 다음, 62쪽으로!

네 자리 수

1 규칙에 맞게 빈 곳에 알맞은 수나 말을 쓰세요.

1 2000   3000   _____

2 763   863   963   _____   _____   _____

3 칠백   팔백   구백   _____   천백   _____

> **기억하자!**
> 1000을 더하거나 빼면 백의 자리 숫자와 십의 자리 숫자, 일의 자리 숫자는 변하지 않아요.

2 빈칸에 알맞은 수를 쓰세요.

3 빈칸에 알맞은 수를 쓰세요.

도전해 보자!

암호는 10의 배수예요.

천의 자리 수는 암호에서 가장 큰 수예요.

백의 자리 수는 7이고 십의 자리 수는 천의 자리 수의 반이에요.

자물쇠의 암호를 풀 수 있니?

체크! 체크!
네 자리 수에서 천의 자리 숫자는 오른쪽에서 4번째 숫자예요.

4

4 더 큰 수가 있는 칸에 색칠하며 미로를 빠져나가세요. 대각선으로 갈 수는 없어요.

1000	993	982	1817	1775	1562	2176	2516	2138	2771
1042	1007	1208	1391	1617	1866	2017	2401	1928	2198
1103	1207	1499	1350	1461	1752	1902	2118	2000	2009
1017	1176	1503	1018	2901	2910	3018	2761	3090	2887
1837	1763	1761	1350	2809	2457	3555	3162	2817	2817
1919	1619	1018	1461	2821	3013	3559	3321	3333	3398
2017	1999	1107	2651	2781	2121	3651	3218	3412	3613
2019	2317	2419	2415	2761	2451	3673	3271	3265	3017
2000	2222	2761	2098	3172	2763	3697	3517	3638	3400
2772	2818	2871	3018	3319	3526	3715	3816	3996	3999
2071	2916	2817	2676	2212	3142	3517	3746	3812	4000

먼저 연필로 경로를
계획해 봐.

도전해 보자!

다음 각 수에서 숫자 6은 얼마를 나타낼까요?

6182 _____

7006 _____

2610 _____

수의 순서

기억하자!
기호 >, <는 어떤 수가 더 큰지,
더 작은지 표시할 때 사용해요.
예) 3<6

1 더 큰 수를 찾아 빈칸에 >, <를 알맞게 쓰세요.

1321 ☐ 142   6719 ☐ 6097   9019 ☐ 9109

2 두 수의 가운데에는 어떤 수가 있을까요? 빈칸에 알맞은 수를 쓰세요.

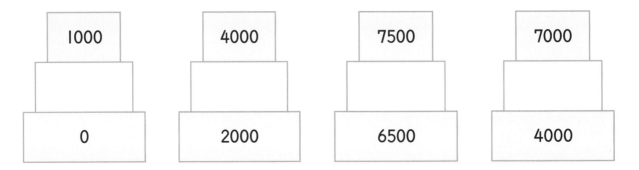

1000	4000	7500	7000
0	2000	6500	4000

3 빈칸에 서로 다른 숫자 4개를 쓰세요.

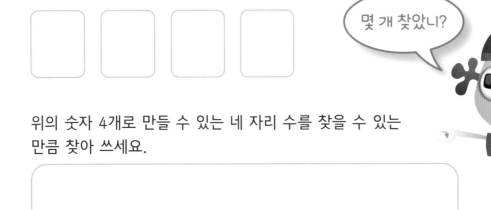

☐ ☐ ☐ ☐

위의 숫자 4개로 만들 수 있는 네 자리 수를 찾을 수 있는
만큼 찾아 쓰세요.

몇 개 찾았니?

가장 큰 수는 무엇인가요?

_____

가장 작은 수는 무엇인가요?

_____

칭찬 스티커를
붙이세요.

곱셈표 연습

1 곱셈표를 완성하세요. 시계를 준비해 시간이 얼마나 걸리는지 알아보세요.

×	4	8	7	3	5	9	6	10	2
6	24								
10									
3									
5									
2									
7									
9									
4									
8									

연습을 많이 하면 점점 빨리 할 수 있을 거야.

걸린 시간 _____

2 다시 한번 곱셈표를 완성해 보세요. 아까보다 시간이 더 적게 걸렸나요?

×	7	2	5	10	3	8	6	9	4
10	70								
5									
3									
2									
9									
6									
8									
4									
7									

걸린 시간 _____

곱셈 문제

1 다음 문제를 풀어 보세요.

1 프레드는 27쪽짜리 책을 읽고 있어요. 하루에 세 쪽씩 읽는다면 책을 다 읽는 데 며칠이 걸릴까요?

_____

2 셀리아가 화분에 꽃씨를 심고 있어요. 화분 하나에 꽃씨 4개씩 심었더니 화분 7개를 사용했고 꽃씨가 1개 남았어요. 셀리아가 가지고 있던 꽃씨는 몇 개일까요?

_____

2 네모 칸 안의 수를 각각 두 번씩 사용하여 올바른 나눗셈식이 되도록 만들어 보세요.

1

2	6

2 4 ÷ 6 = 4

4	4

2 4 ÷ 4 = 6

2

3	1

___ ÷ ___ = ___

5	5

___ ÷ ___ = ___

3

7	6

___ ÷ ___ = ___

4	2

___ ÷ ___ = ___

> 곱셈을 이용하여 답이 맞았는지 확인해 봐.

3 사미라가 곱셈을 하고 있어요. 그런데 50을 곱해야 하는데 잘못하여 5를 곱했어요. 처음부터 다시 하지 않고 바르게 계산하려면 어떻게 해야 할까요? 알맞은 것을 골라 빈칸에 ✓표 하세요.

×10 ☐   ×100 ☐   ×45 ☐   두 배 ☐

4 곱셈표의 빈칸을 알맞게 채우세요.

×	6			3
4		8	40	
	48			24
	30		50	15
7		14		

5 다음 문제를 풀어 보세요.

1 스물넷에 여덟이 몇 번 들어가나요? _____

2 6단 곱셈에서 오십보다 큰 첫 번째 수는 무엇인가요? _____

6 7단 곱셈의 값에 네모를 그리세요. 8단 곱셈과 4단 곱셈의 값에 세모를 그리세요.
그리고 5단 곱셈의 값 중 짝수에 동그라미를 그리세요.

21   22   23   24   25   26   27   28   29   30

7 앞의 사실을 이용하여 다음 물음에 답하세요.

$12 \times 4 = 48$이에요. 그럼 13×4는 얼마일까요?

_____

$11 \times 7 = 77$이에요. 그럼 12×7은 얼마일까요?

_____

$15 \times 8 = 120$이에요. 그럼 16×8은 얼마일까요?

_____

잘했어!

칭찬 스티커를
붙이세요.

문제를 다 푼 다음, 62쪽으로!

막대그래프

1 어떤 여행가가 여행 갔던 나라를 조사했어요.
아래 표를 막대그래프로 나타내세요. 가로축에 나라,
세로축에 빈도를 표시해서 나타내 보세요.

나라	빈도(번)
영국	9
프랑스	4
스페인	6
포르투갈	1

어느 나라에 여행 가고 싶어?

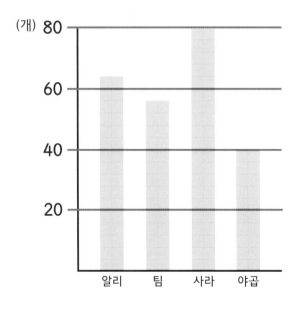

2 네 명의 친구가 수학 문제를 풀고 받은 스티커 수를 막대그래프로 나타냈어요.
다음 문장을 읽고 참인지, 거짓인지 알맞은 것에 ◯표 하세요.

(개) 80
60
40
20

알리 팀 사라 야곱

스티커를 가장 적게 모은 친구는 야곱이야. 참 / 거짓

알리는 팀보다 20개 더 모았어. 참 / 거짓

사라는 야곱의 두 배만큼 모았어. 참 / 거짓

네 친구가 모은 스티커를 모두 더하면 200개보다 적어. 참 / 거짓

분수의 덧셈

1 빈칸에 알맞은 분수를 쓰세요.

기억하자!
분수에서 아래에 있는 숫자가
분모예요. 전체를 몇으로
나눴는지 나타내요.

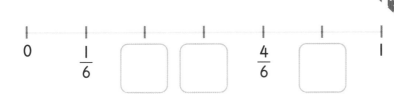

$$0 \qquad \frac{1}{6} \qquad \boxed{} \qquad \boxed{} \qquad \frac{4}{6} \qquad \boxed{} \qquad 1$$

2 더해서 1이 되는 두 분수를 찾아 같은 색으로 칠하세요.

3가지 색깔이
필요할 거야.

 $\frac{2}{7}$ $\frac{4}{7}$ $\frac{1}{7}$

 $\frac{6}{7}$ $\frac{3}{7}$ $\frac{5}{7}$

3 빈칸에 알맞은 수를 쓰세요.

$$3\frac{4}{5} + \boxed{} = 4 \qquad 7\frac{2}{3} + \boxed{} = 8 \qquad 5\frac{3}{8} + \boxed{} = 6$$

4 > 또는 <를 이용하여 두 분수의 합이 1보다 큰지, 작은지 표시하세요.

$$\frac{1}{4} + \frac{2}{4} \; \boxed{} \; 1 \qquad \frac{3}{5} + \frac{3}{5} \; \boxed{} \; 1 \qquad \frac{5}{7} + \frac{4}{7} \; \boxed{} \; 1$$

도전해 보자!

$$\frac{3}{9} + \frac{2}{9} + \frac{1}{9} = \underline{\hspace{4cm}}$$

칭찬 스티커를
붙이세요.

체크! 체크!
분수의 덧셈을 했을 때 분모가 변하지 않았는지 확인하세요. $\boxed{}$

문제를 다 푼 다음, 62쪽으로!

각

1 각의 크기가 작은 것부터 차례대로 알파벳을 쓰세요.

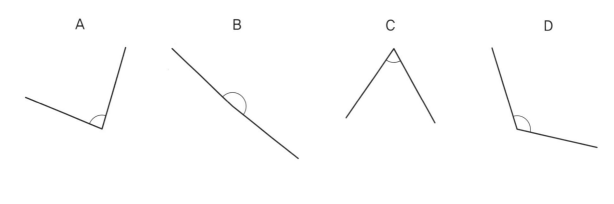

A   B   C   D

_____   _____   _____   _____

2 아래 점을 이용하여 직각을 하나 포함한 오각형을 그리세요. 그런 다음 직각은 ∟ 로, 예각은 A로, 둔각은 O로 표시하세요.

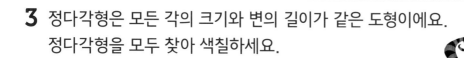

기억하자!
둔각은 직각과 평각 사이의 각이에요. 예각은 직각보다 작은 각이에요.

어떤 도형이 정다각형인지 알려면 각의 크기와 변의 길이를 비교해 봐야 해.

3 정다각형은 모든 각의 크기와 변의 길이가 같은 도형이에요. 정다각형을 모두 찾아 색칠하세요.

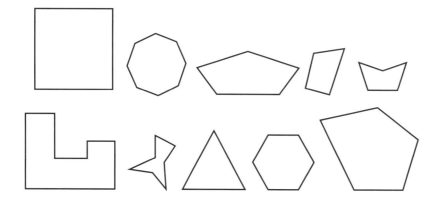

칭찬 스티커를 붙이세요.

문제를 다 푼 다음, 62쪽으로!

$\dfrac{1}{10}$

1 막대기를 똑같이
   10조각으로 나누세요.

막대기의 길이를 재기 위해서
자를 이용하면 좋아.

2 수직선에서 화살표가 가리키는 곳의 수를 분수와 소수로 나타내세요.

1

0   1   2   3

$$1.5 \qquad 1\dfrac{5}{10}$$

2

0   1   2   3

3

2   3   4

4

1   2   3   4

3 규칙을 찾아 빈 곳에 알맞은 소수를 쓰세요.

0.2   0.3   0.4   _____ _____ _____

3.1   3.3   3.5   _____ _____ _____

도전해 보자!

5.6보다 $\dfrac{3}{10}$만큼 더 큰 수를 소수로 쓰세요. _____

체크! 체크!

분수와 소수를 정확히 썼는지 확인하세요. ☐

$\dfrac{1}{100}$

100분의 1은 10분의 1의
10분의 1이에요.

1 색칠한 부분을 바르게 나타낸 것과 선으로 이어 보세요.

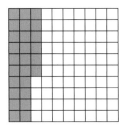
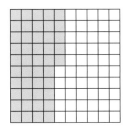
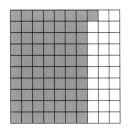

(10분의 7)+ (100분의 1)	(10분의 4)+ (100분의 5)	10분의 4	(10분의 2)+ (100분의 6)

2 왼쪽의 그림을 분수와 소수로 나타내세요.

기억하자!

소수점 아래의 자리는 왼쪽부터 차례로
10분의 1의 자리, 100분의 1의 자리라고 해요.

	분수	소수			
	$\dfrac{4}{10}$	10의 자리	1의 자리	10분의 1의 자리	100분의 1의 자리
	$\dfrac{26}{100}$	10의 자리	1의 자리	10분의 1의 자리	100분의 1의 자리
		10의 자리	1의 자리	10분의 1의 자리 / 0	100분의 1의 자리
				4	5
		10의 자리	1의 자리	10분의 1의 자리	100분의 1의 자리

3 수직선에서 화살표가 가리키는 곳의
수를 소수로 나타내세요.

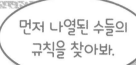

1.2　　　　1.3　　　　1.4　　　　1.5

4 규칙을 찾아 빈칸에 알맞은 소수를 쓰세요.

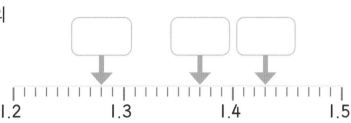

먼저 나열된 수들의
규칙을 찾아봐.

1　0.73　0.83　□　□　□　1.23

2　0.13　0.14　□　□　0.17　□　□

3　0.25　0.5　□　1　1.25　□　1.75　2

5 다른 수를 나타내는 것에 ◯표 하세요.

0.23	0.04	0.09
$\frac{23}{100}$	$\frac{4}{100}$	$\frac{9}{10}$
10분의 23	100분의 4	100분의 9

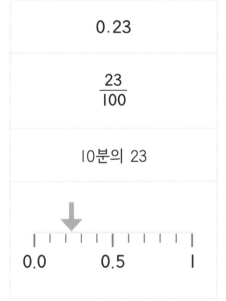

0.0　0.5　1

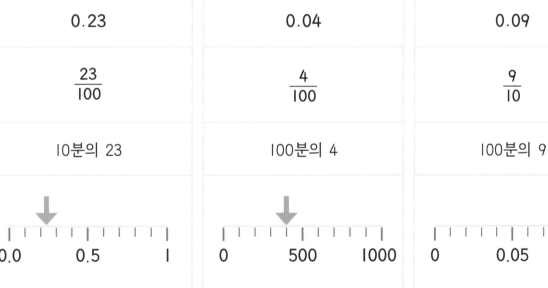

0　500　1000

0　0.05　0.1

6 다음 분수를 소수로 나타내세요.

$\frac{35}{100}$ _____　　　　$\frac{61}{100}$ _____

$\frac{7}{100}$ _____

칭찬 스티커를
붙이세요.

15

문제를 다 푼 다음, 62쪽으로!

m와 km

1 알맞은 측정 단위에 ◯표 하세요.

1 마라톤 거리   km   m   cm   **2** 아기 발 길이   km   m   cm

3 하루에 걷는 거리   km   m   cm   **4** 교실 한 변의 길이   km   m   cm

---

2 길이를 비교하여 > 또는 <로 나타내세요.

1 820m ☐ 1km   **2** 1729m ☐ 1km   **3** 10100m ☐ 1km

---

3 도시들 간의 거리를 구해 보세요.

> **기억하자!**
> 1 km = 1000 m

거리(km)						버밍엄
					브래드퍼드	207
				코번트리	210	39
			더비	89	133	66
		뉴캐슬	261	343	186	326
	리즈	163	121	198	18	191
맨체스터	72	233	130	168	62	139
셰필드	61	57	210	51	153	71	147

두 도시를 찾은 다음 아래로, 오른쪽으로 선을 그었을 때 만나는 곳의 수가 두 도시 사이의 거리야.

버밍엄과 셰필드   _____

뉴캐슬과 브래드퍼드   _____

코번트리와 맨체스터   _____

리즈와 더비   _____

체크! 체크!
답에도 단위를 썼나요? ☐

4 탬이 마을 지도를 그렸어요.

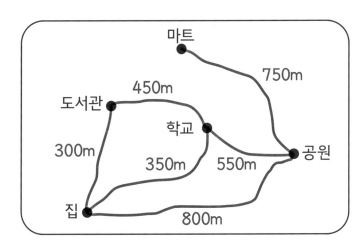

답은 km와 m로 나타내 봐.

1 마트에서 공원에 갔다가 다시 마트로 돌아오는 거리는 얼마인가요?

_____

2 탬은 도서관에 있어요. 탬이 마트에 들렀다가 집으로 가는 가장 가까운 길은 거리가 얼마인가요?

_____

5 짧은 거리부터 차례로 쓰세요.

$2\frac{1}{2}$ km   2km 50m   260m   2750m

_____

6 같은 거리를 나타내는 칸에 색칠하세요.

20cm	200mm	2000mm	20000mm

500m	5km	0.5km	0.05km

도전해 보자!

3km는 몇 cm인가요?
먼저 m로 바꾼 다음 생각해 보세요.

_____

_____

칭찬 스티커를 붙이세요.

문제를 다 푼 다음, 62쪽으로!

덧셈: 세로셈

1 다음 계산을 하세요.

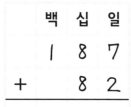

기억하자!
세로셈에서 한 줄의 합이 10 이상이면 윗자리로 받아올려요.

백	십	일
1	8	7
+	8	2

백	십	일
2	1	7
+	9	5

백	십	일
3	8	9
+	3	7

백	십	일
7	3	3
+ 1	5	5

2 이 계산도 해 보세요.

천	백	십	일
2	1	0	8
+ 3	7	9	2

천	백	십	일
4	1	8	7
+ 2	4	1	9

천	백	십	일
3	7	5	5
+ 2	8	1	7

3 파란 칸에 알맞은 수를 쓰세요.

1
천	백	십	일
1	4	3	2
+ 6	0		8
	4	5	0

2
천	백	십	일
	7	9	3
+	1	1	5
	5	1	0

3
천	백	십	일
	6	1	5
+ 2		8	8
	8	2	7

도전해 보자!

헤이스팅스 전투는 1066년에 일어났고 739년 후에 트라팔가르 전투가 일어났어요. 트라팔가르 전투는 몇 년에 일어났나요?

천	백	십	일
+			

체크! 체크!

암산으로 답을 확인해 보세요. ☐

뺄셈: 세로셈

1 다음 계산을 하세요.

백	십	일
2	1	7
−	9	5

백	십	일
7	3	3
− 1	5	5

천	백	십	일
9	7	8	0
− 2	3	1	8

천	백	십	일
8	7	0	0
− 5	2	9	1

2 다음 계산을 하세요. 계산 전에 반올림하여 천의 자리까지 나타낸 어림수로도 계산해 보세요.

천 백 십 일

어림값   4000 − 3000 = 1000

천	백	십	일
4	0	6	7
− 2	9	7	1

천 백 십 일

어림값

천	백	십	일
5	9	8	1
− 1	0	1	2

천 백 십 일

어림값

천	백	십	일
4	5	2	1
−	5	1	8

4067은 4000에 가깝고 2971은 3000에 가까워. 그래서 어림하여 계산하면 4000−3000=1000이야.

3 다음 문제를 풀어 보세요.

극작가 셰익스피어는 1564년에 태어났고 탐험가 콜럼버스는 1451년에 태어났어요. 콜럼버스가 태어난 지 몇 년 후에 셰익스피어가 태어났나요?

천 백 십 일

−

칭찬 스티커를 붙이세요.

문제를 다 푼 다음, 62쪽으로!

삼각형과 사각형

기억하자!
서로 수직으로 만나는 두 변은 직각을 만들어요.

1 친구들이 생각하는 도형은 무엇일까요?
알맞은 도형에 ✓표 하세요.

1 내 삼각형은 변의 길이가 모두 같아.

☐ ☐

2 내 삼각형은 변의 길이가 모두 같지 않아. 둔각 한 개와 예각 두 개가 있어.

☐ ☐

3 내 삼각형은 이등변삼각형이야.

☐ ☐

4 내 삼각형에는 수직으로 만나는 두 변이 있어.

☐ ☐

2 다음 표의 빈칸에 도형의 대칭축이 몇 개인지 쓰세요.

		대칭축
정삼각형		
이등변삼각형		
삼각형		

도형을 대칭축을 따라 접으면 완전히 포개져. 또 삼각형의 변에 그은 짧은 선은 변의 길이가 같다는 것을 의미해.

3 도형과 도형의 이름을 바르게 선으로 이어 보세요.

기억하자!
사각형은 변이 4개예요.

정사각형

직사각형

평행사변형

마름모

사다리꼴

4 점을 이용하여 사각형의 나머지 반쪽을 그리세요.

직사각형

정사각형

평행사변형

사다리꼴

잘했어!

칭찬 스티커를 붙이세요.

체크! 체크!
완성한 도형은 모두 변이 4개인가요?

문제를 다 푼 다음, 62쪽으로!

암산하기

1 0~9 숫자 스티커와 연산 기호 스티커를 아래 빈칸에 자유롭게 붙이세요.

500 – [　　　　　　　　　　　　　] =

직접 만든 계산식을 풀어 보세요.

이 두 페이지는
암산으로 풀어 보자.

2 합이 |이 되는 소수 스티커 두 개를 찾아 붙이세요.

( ) + ( )　　　( ) + ( )

( ) + ( )　　　( ) + ( )

3 빈칸에 알맞은 스티커를 붙이세요.

1 2500 ÷ [　] = 25　　　　**4** 0.4 × [　] = 40

2 52 ÷ [　] = 5.2　　　　**5** 108 ÷ [　] = 1.08

3 3.09 × [　] = 309　　　　**6** 3600 ÷ [　] = 360

4 계산이 바르면 ✓ 스티커를, 계산이 틀렸으면 ✗ 스티커를 붙이세요.

95 × 3 = 285 `[    ]`   39 × 9 = 351 `[    ]`   26 × 4 = 124 `[    ]`

42 × 6 = 252 `[    ]`   65 × 50 = 450 `[    ]`   15 × 19 = 175 `[    ]`

5 스티커의 계산식을 보고 답을 어림하여 아래 표의 알맞은 곳에 붙이세요.

어림한 답은

0과 250 사이의 수	250과 500 사이의 수	501과 750 사이의 수	751과 1000 사이의 수

잘했어!

칭찬 스티커를
붙이세요.

문제를 다 푼 다음, 62쪽으로!

시각과 시간

1 빈칸을 알맞게 채워 시각을 말로, 바늘 시계로, 디지털시계로 표시해 보세요.

말	바늘 시계	12시간 표시 디지털시계
오후 3시 반		
아침 _____		오전 7:00
자정에서 5분이 지난 시각		
저녁 _____		오후 8:15

체크! 체크!
오전인지 오후인지 잊지 않고 썼나요? □

기억하자!
1시간은 60분, 1분은 60초예요.

2 빈 곳을 알맞게 채우세요.

120분 = _____ 시간

_____ 초 = 2분 35초

_____ 초 = 1.5분

$2\frac{1}{2}$ 시간 = _____ 분

3 버스 시간표를 보고 물음에 답하세요.

버스 시간표					
주민 센터	09 : 17	11 : 07	13 : 12	15 : 16	17 : 08
도서관	09 : 36	11 : 24	13 : 29	15 : 33	17 : 27
학교	10 : 05	11 : 52	13 : 57	16 : 01	18 : 58
공원	10 : 16	12 : 03	14 : 08	16 : 12	19 : 10
공항	10 : 37	14 : 24	14 : 29	16 : 33	19 : 30

1 아멜리에는 주민 센터에 13:00에 도착해요.
아멜리에가 버스를 타려면 얼마나 기다려야 하나요? _____

2 테리는 도서관에서 15:33에 버스를 타서 39분 후에 내렸어요.
테리는 어디에서 내렸을까요? _____

3 아누는 오후 4시 반에 공항에 도착해야 해요. 아누가 주민 센터에서
탈 수 있는 가장 늦은 버스는 몇 시 버스인가요? _____

4 에디는 스톱워치를 사용하여 숙제하는 데 걸린 시간을 쟀어요.

1 숙제하는 데 걸린 시간을 시간, 분, 초로 나타내세요.

_____ 시간 _____ 분 _____ 초

2 에디의 동생은 오빠가 1시 23분 18초에 숙제를 끝냈다고
말했어요. 에디 동생이 한 말이 틀린 이유를 써 보세요.

_____

5 시계에 분침이 빠져 있어요. 시침을 보고 분침을 알맞게
그려 넣으세요.

칭찬 스티커를
붙이세요.

문제를 다 푼 다음, 62쪽으로!

10, 100으로 나누기

1 모눈을 이용하여 다음 계산을 해 보세요.

1 670 ÷ 10

천	백	십	일	•	$\frac{1}{10}$
	6	7	0	•	
				•	

= _____

10으로 나누면 각 숫자가
오른쪽으로 한 칸씩 이동해.

천의 자리	백의 자리	십의 자리	일의 자리	•	$\frac{1}{10}$의 자리
5	4	1	9	•	
	5	4	1	•	9

2 8194 ÷ 10

천	백	십	일	•	$\frac{1}{10}$
8	1	9	4	•	
				•	

= _____

3 721 ÷ 100

천	백	십	일	•	$\frac{1}{10}$	$\frac{1}{100}$
	7	2	1	•		
				•		

= _____

4 5297 ÷ 100

천	백	십	일	•	$\frac{1}{10}$	$\frac{1}{100}$
5	2	9	7	•		
				•		

= _____

2 다음 표의 빈칸에 알맞은 수를 쓰세요. 마지막 두 줄은 쓰고 싶은 수를 쓰며 채워 보세요.

수	÷ 10	÷ 100
250		
716		
		16.78
	67.2	

소수

 색연필을 준비했니?

1 5.5보다 큰 수를 모두 찾아 색칠하세요.

(5.57)　(5.07)　(5.99)　(5.49)　(5.75)

2 규칙을 찾아 빈 곳에 알맞은 소수를 쓰세요.

1.55　1.65　1.75　_____　_____　_____

2.04　2.03　2.02　_____　_____　_____

3 빈칸에 알맞은 수를 쓰세요.

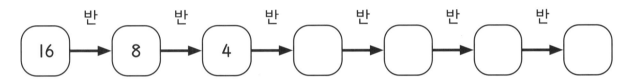

반　반　반　반　반　반

16 → 8 → 4 → ☐ → ☐ → ☐ → ☐

4 왼쪽 식을 계산한 값에서 2가 나타내는 수를 오른쪽에서 찾아 선으로 이어 보세요.

6.32 × 100	$\frac{2}{100}$
632 ÷ 10	$\frac{2}{10}$
63.2 × 100	2
6320 ÷ 1000	20

 잘했어!

 칭찬 스티커를 붙이세요.

도전해 보자!

8.12에서 2가 나타내는 수는 0.02예요. 8.12에 어떤 계산을 했더니 계산한 값의 2가 2를 나타내는 수가 되었어요.
어떤 계산을 했을까요? 알맞은 계산식을 써 보세요.

_____

문제를 다 푼 다음, 62쪽으로!

화폐

기억하자!
500원 동전 2개는 1000원 지폐 1장과 같아요. 50원 동전 2개는 100원 동전 1개와 같아요.

1 다음 동전과 지폐가 나타내는 금액이 얼마인지 쓰세요.

1

2

3

4

2 다음 금액만큼 동전과 지폐 스티커를 붙이세요.

7650원

5910원

3 다음 금액을 적은 것부터 차례로 쓰세요.

1 74090원 · · · · · · 47990원 · · · · · · 97490원 · · · · · · 79940원

2 89940원 · · · · · · 89490원 · · · · · · 8990원 · · · · · · 98040원

4 오른쪽 금액이 되려면 각 동전이 몇 개 필요한가요? 빈 곳에 알맞은 수를 쓰세요.

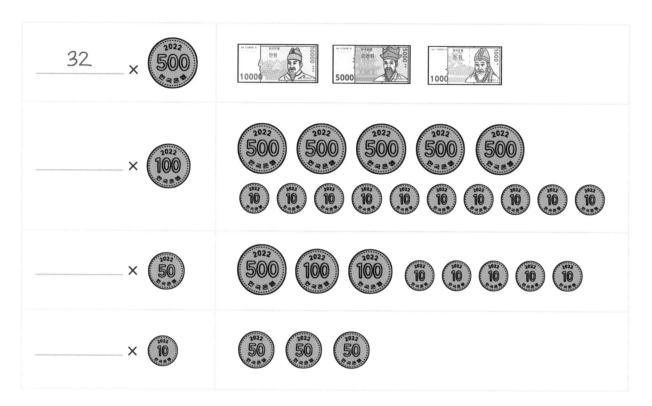

32 × 500원	10000 / 5000 / 1000 지폐
___ × 100원	500원 5개, 10원 10개
___ × 50원	500원 1개, 100원 2개, 10원 5개
___ × 10원	50원 3개

---

5 10000원이 되려면 얼마가 더 있어야 하나요? 빈 곳에 알맞은 수를 쓰세요.

1 4320원 + _____ = 10000원

2 5050원 + _____ = 10000원

3 1990원 + _____ = 10000원

4 670원 + _____ = 10000원

도전해 보자!

조지와 캘럼은 보트 2개와 팔레트 1개를 사고 50000원을 냈어요.
거스름돈은 얼마를 받아야 하나요?

16000원

9500원

_____

_____

칭찬 스티커를 붙이세요.

체크! 체크!

답에 단위를 썼나요? ☐

문제를 다 푼 다음, 62쪽으로!

빠르게 계산하기

1 답이 240인 것을 모두 찾아 색칠하세요.

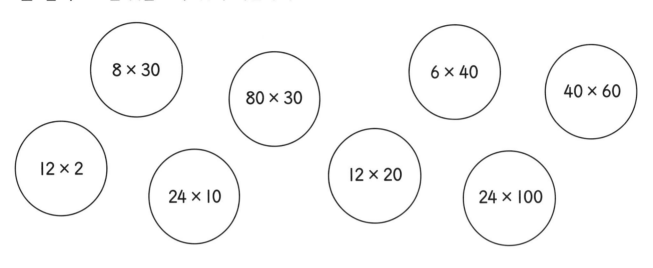

2 다음과 같이 계산해 보세요.

46 × 50
$46 \times 100 = 4600$
$\rightarrow 46 \times 50 = 2300$

82 × 50

50을 곱하는 빠른 방법은 100을 곱한 다음 반으로 나누는 거야.

34 × 50

79 × 50

3 62×50=3100일 때 62×25를 빠르게 계산하는 방법을 설명해 보세요.

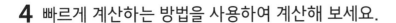

4 빠르게 계산하는 방법을 사용하여 계산해 보세요.

16 × 25 = _____   24 × 25 = _____   52 × 25 = _____

5 아래 나눗셈 20문제를 빠르게
계산해 보세요. 시간이 얼마나
걸리는지 재 보세요.

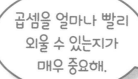
곱셈을 얼마나 빨리
외울 수 있는지가
매우 중요해.

81 ÷ 9 = _____   36 ÷ 4 = _____   90 ÷ 10 = _____   24 ÷ 8 = _____

27 ÷ 3 = _____   14 ÷ 7 = _____   35 ÷ 5 = _____   56 ÷ 8 = _____

40 ÷ 10 = _____   12 ÷ 2 = _____   54 ÷ 6 = _____   16 ÷ 4 = _____

21 ÷ 3 = _____   36 ÷ 6 = _____   49 ÷ 7 = _____   63 ÷ 9 = _____

80 ÷ 10 = _____   48 ÷ 8 = _____   45 ÷ 9 = _____   28 ÷ 4 = _____

문제를 푸는 데 걸린 시간을 쓰세요. _____

틀린 문제는 3초씩 시간을 더 써서 다시 풀어 보세요.
최종으로 문제를 푸는 데 걸린 시간을 쓰세요. _____

6 5번의 기록을 깨 볼까요? 곱셈을 많이 연습한 다음 준비가 되었다면 아래 문제를
다시 한번 풀어 보세요. 위에서 푼 답은 보지 마세요.

81 ÷ 9 = _____   36 ÷ 4 = _____   90 ÷ 10 = _____   24 ÷ 8 = _____

27 ÷ 3 = _____   14 ÷ 7 = _____   35 ÷ 5 = _____   56 ÷ 8 = _____

40 ÷ 10 = _____   12 ÷ 2 = _____   54 ÷ 6 = _____   16 ÷ 4 = _____

21 ÷ 3 = _____   36 ÷ 6 = _____   49 ÷ 7 = _____   63 ÷ 9 = _____

80 ÷ 10 = _____   48 ÷ 8 = _____   45 ÷ 9 = _____   28 ÷ 4 = _____

문제를 푸는 데 걸린 시간을 쓰세요.

_____

틀린 문제는 3초씩 시간을 더 써서 다시 풀어 보세요.
최종으로 문제를 푸는 데 걸린 시간을 쓰세요.

_____

칭찬 스티커를
붙이세요.

잘했어!

문제를 다 푼 다음, 62쪽으로!

문제 해결 (1)

1 각 줄의 세 수를 더하면 15가 되도록 빈칸에 알맞은 수를 쓰세요.

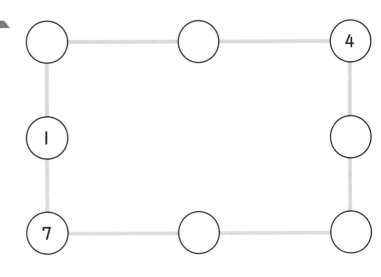

2 루스는 5715부터 10씩 뛰어 세고 있어요. 트리스탄은 7500부터 거꾸로 1씩 뛰어 세고 있어요. 두 사람이 함께 세게 되는 수에 모두 ✓표 하세요.

6005 ☐　　　6500 ☐　　　7055 ☐　　　7905 ☐

3 다음 숫자를 한 번씩 사용하여 각 분수를 만들어 보세요.

| 1 | 2 | 3 | 4 | 5 | 6 |

$\frac{2}{5}$ 보다 크고
$\frac{4}{5}$ 보다 작은 분수

$\frac{1}{4}$ 보다 작은 분수

0과 1의 가운데에 있으면서 분모가 4인 분수

____　　　____　　　____

4 560과 800의 한가운데에 있는 수를 쓰세요.

| 560 | | 800 |

5 다음 숫자 카드를 사용하여 곱셈식을 완성하세요. 숫자 카드는 여러 번 사용할 수 있어요.

| 1 | 2 | 3 | 4 | 5 |

5단 곱셈과 10단 곱셈을 잘 생각해 보면 이 까다로운 문제를 풀 수 있을 거야.

☐☐ × ☐ = 120   ☐☐ × ☐ = 155

6 수수께끼를 풀어 보세요.

1 칼럼은 어떤 모양을 생각하고 있어요.
이것은 사각형이에요.
두 개의 각은 예각이고 두 개의 각은 둔각이에요.
두 쌍의 평행인 변이 있어요.
이 모양은 무엇일까요?

_____

2 나르는 1보다 작은 어떤 소수를 생각하고 있어요.
이 소수는 분모가 4인 분수로 나타낼 수 있어요.

이렇게요. $\frac{?}{4}$

0.1의 자리의 수는 0.01의 자리의 수보다 작아요.
이 소수는 무엇일까요?

| | | |

칭찬 스티커를 붙이세요.

잘했어!

문제를 다 푼 다음, 62쪽으로!

곱셈: 세로셈

1 다음 문제를 풀어 보세요.

1
```
    3 4
  ×   2
  -----
    6 8
```

2
```
    4 2
  ×   3
  -----
```

3
```
    2 1
  ×   9
  -----
```

4
```
    6 0
  ×   7
  -----
```

2 다음 문제도 풀어 보세요.

> **기억하자!**
> 일의 자리의 곱이 10이거나 10보다 크면 십의 자리로 올림해요.

1
```
      1
    4 2
  ×   9
  -----
  3 7 8
```

2
```
    2 5
  ×   5
  -----
```

3
```
    3 4 0
  ×     6
  -------
```

4
```
    4 2 6
  ×     8
  -------
```

3 파란 빈칸에 알맞은 수를 쓰세요.

1
```
    2
    1
  ×   9
  -----
  1 1 7
```

2
```
      2
  ×   7
  -----
  3 6
```

3
```
    3 0
  ×   5
  -----
  1 4 0
```

> 세로셈을 할 때는 일의 자리끼리, 십의 자리끼리 자리를 잘 맞추어 써야 해.

4 다음 문제를 세로셈으로 풀어 보세요.

구슬 달린 가방이 있어요. 가방 하나에 구슬이 36개 달려 있어요. 가방 8개에는 구슬이 모두 몇 개 달려 있을까요?

_____

체크! 체크!
암산으로 답을 확인해 보세요. □

크기가 같은 분수

1 양말 한 짝에 크기가 같은 분수를 쓰세요.

기억하자!
크기가 같은 분수를 만들려면 분모와 분자에 각각 같은 수를 곱하거나 나눠요.

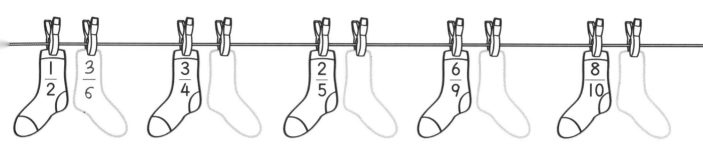

2 가장 큰 분수에 ○표 하세요.

1　　$\dfrac{1}{2}$　　　　$\dfrac{9}{20}$　　　　$\dfrac{7}{10}$　　　　$\dfrac{3}{5}$

2　　$\dfrac{2}{3}$　　　　$\dfrac{7}{12}$　　　　$\dfrac{5}{6}$　　　　$\dfrac{3}{4}$

크기가 같은 분수를 만들어 보면 쉬워.

3 정육각형에서 색칠한 부분을 분수로 나타내세요.

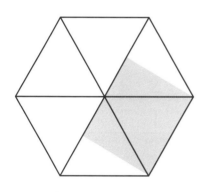

이 문제도 크기가 같은 분수를 만들어 풀 수 있어.

잘했어!

칭찬 스티커를 붙이세요.

문제를 다 푼 다음, 63쪽으로!

둘레와 넓이

기억하자!

둘레는 도형의 바깥쪽 모든 변의 길이의 합이고, 넓이는 도형의 안쪽 공간의 크기를 말해요.

1 다음 도형의 둘레를 구하세요.

⬜ ▯ 1 cm

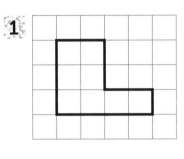

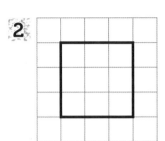

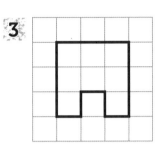

_____ cm   _____ cm   _____ cm

2 다음 사각형의 둘레를 재어 보세요.

답에 단위 쓰는 것을 잊지 마.

_____

기억하자!

넓이는 단위 정사각형으로 측정할 수 있어요. 복잡한 도형은 작은 정사각형으로 나누어 넓이를 측정하면 좋아요. 넓이의 단위는 cm²나 m²를 사용해요.

3 다음 도형의 넓이를 구하세요.

⬜ = 1 cm²

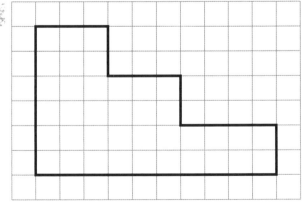

_____ cm²   _____ cm²

4 도미노는 정사각형 두 개로 만든 모양이에요. 도미노의
둘레와 넓이를 구하세요.

둘레 _____ cm   넓이 _____ cm²

5 트리오미노는 정사각형 세 개로 만든 모양이에요. 트리오미노의
둘레와 넓이를 구하세요.

과 ∙ 사이는 1cm야.

1

둘레 _____ cm
넓이 _____ cm²

2

둘레 _____ cm
넓이 _____ cm²

6 테트로미노는 정사각형 네 개로 만든 모양이에요. 정사각형 네 개로
만들 수 있는 테트로미노를 모두 그리고 각각 둘레와 넓이를 구해
보세요.

1

둘레 _____ cm
넓이 _____ cm²

2

둘레 _____ cm
넓이 _____ cm²

3

둘레 _____ cm
넓이 _____ cm²

4

둘레 _____ cm
넓이 _____ cm²

5

둘레 _____ cm
넓이 _____ cm²

칭찬 스티커를
붙이세요.

문제를 다 푼 다음, 63쪽으로!

측정 단위

1 어떤 단위를 사용하는 것이 가장 알맞을까요? 알맞은 것에 ✔표 하세요.

1 귤의 무게

50mg ☐   50g ☐   50kg ☐

2 음료수 병의 들이

200mL ☐   200kL ☐   200L ☐

---

2 무게가 같은 것 두 개를 찾아 ◯표 하세요.

기억하자!
1kg = 1000g

2kg 20g 200g 2000g   7kg 70g 7000g 700g   500g 50g $\frac{1}{2}$kg 5kg

---

기억하자!
1L = 1000mL

3 단위를 바꾸어 빈 곳에 알맞은 수를 쓰세요.

1 8kg = _____ g   **2** 2.651L = _____ mL

3 15.5kg = _____ g   **4** 5.04L = _____ mL

---

4 단위를 바꾸어 빈 곳에 알맞은 수를 쓰세요.

1 5000g = _____ kg   **2** 7500mL = _____ L

3 3182g = _____ kg   **4** 10600mL = _____ L

도전해 보자!

1 레모네이드 1L가 있어요. 이것을 4개의 잔에 각각 150mL씩 나누어 담았어요. 레모네이드는 얼마나 남았을까요? _____

2 마일즈의 키는 1.5m이고 이미의 키는 1.2m예요. 두 사람의 키 차이는 얼마일까요? cm로 나타내세요.

_____

측정과 저울

단위를 잘 기억하고 있지?

1 저울이 나타내는 무게를 쓰세요.

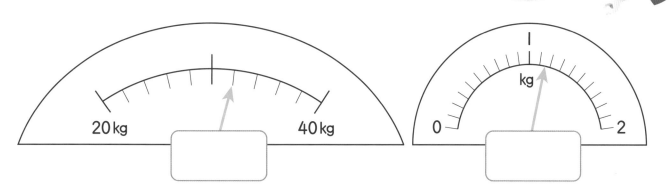

20 kg   40 kg

0   kg   2

2 아기 고양이의 몸무게는 1kg 650g이에요. 저울에 알맞게 바늘을 그려 아기 고양이의 몸무게를 표시하세요.

기억하자!
눈금 한 칸의 크기가 얼마인지 알아야 해요.

측정을 아주 정확하게 할 수는 없지만 최대한 가깝게 할 수는 있어.

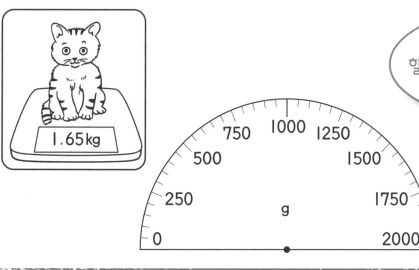

1.65kg

250   500   750   1000   1250   1500   1750

0   g   2000

3 들이는 L 나 mL로 나타낼 수 있어요. 다음 빈 곳에 알맞은 수를 쓰세요.

1 1L는

_____ mL예요.

2 $\frac{1}{2}$L는

_____ mL예요.

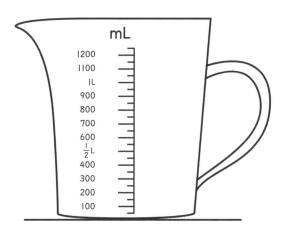

mL

1200
1100
1L
900
800
700
600
$\frac{1}{2}$L
400
300
200
100

칭찬 스티커를 붙이세요.

3 오른쪽 비커에 850mL를 표시해 보세요.

문제를 다 푼 다음, 63쪽으로!

좌표

1 좌표가 직사각형 안에 있으면 빨간색, 직사각형 둘레에 있으면 파란색, 직사각형 밖에 있으면 초록색을 칠하세요.

색연필 3개를 준비해야 해.

(3, 4) (7, 2) (4, 1) (5, 5)

(6, 3) (6, 5) (7, 4) (2, 1)

2 로직이 암호를 사용하여 수학과 관련된 단어를 숨겨 놓았어요. 로직이 숨겨 놓은 단어는 무엇일까요? 좌표를 사용하여 암호를 풀어 보세요.

	0	1	2	3	4
4	형	반	대	꺾	삼
3	막	분	좌	덧	림
2	소	은	올	수	래
1	표	사	프	정	그
0	각	곱	선	셈	뺄

(3, 1) (1, 1) (0, 0) (0, 4)　　　　(0, 3) (2, 4) (4, 1) (4, 2) (2, 1)

단어를 하나 생각하고 로직처럼 나만의 비밀 좌표를 만들어 보세요.

체크! 체크!
좌표를 표시할 때 괄호와 쉼표를 사용했나요?

이동

기억하자!
이동은 도형을 왼쪽이나 오른쪽으로 옮긴 다음 위나 아래로 옮기는 거예요.

1 점 A가 점 B에 오도록 도형 S를 이동하여 보세요.

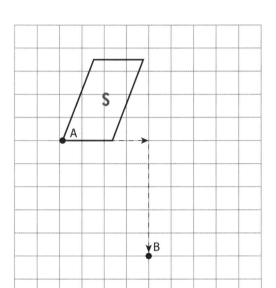

이동을 설명하는 글이에요. 빈 곳을 채워 완성하세요.

도형 S를 오른쪽으로 _____ 칸,

아래로 _____ 칸 이동해요.

2 팍타는 검은 돌, 아이제는 흰 돌을 가지고 있어요.

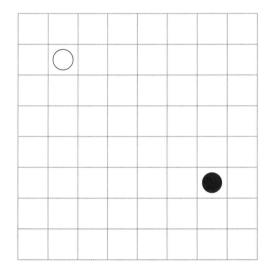

아이제는 흰 돌을 오른쪽으로 4칸 이동했어요.
팍타의 검은 돌이 아이제의 흰 돌과 같은 위치에 있으려면 어떻게 이동해야 할까요?

_____

잘했어!

칭찬 스티커를 붙이세요.

체크! 체크!
이동을 설명할 때 왼쪽, 오른쪽, 위, 아래를 사용하였나요? ☐

문제를 다 푼 다음, 63쪽으로!

수학 법칙

기억하자!
2×(5+3)과 2×5+3은 달라요. 괄호가 있으면 괄호 안의 계산을 먼저 해요. 그래서 2×(5+3)은 5+3을 먼저 계산하고 여기에 2를 곱하는 거예요. 이것은 2를 5와 3에 각각 곱해 더하는 것과 같아요.

1 식이 참이면 ✓표, 거짓이면 ✗표 하세요.

1 $35 + 78 = 78 + 35$ ☐

2 $35 \div 78 = 78 \div 35$ ☐

3 $35 \times 78 = 78 \times 35$ ☐

4 $35 - 78 = 78 - 35$ ☐

괄호 안의 수에 각각 곱한 다음 더해도 되고 괄호 안의 계산을 먼저 한 다음 곱해도 돼.

2 다음과 같이 두 가지 방법으로 계산해 보세요.

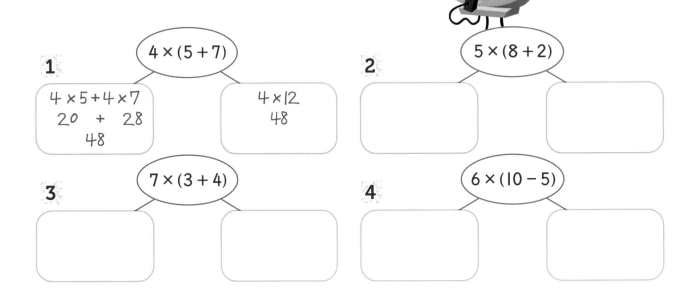

1 $4 \times (5 + 7)$

$4 \times 5 + 4 \times 7$
$20 + 28$
48

4×12
48

2 $5 \times (8 + 2)$

3 $7 \times (3 + 4)$

4 $6 \times (10 - 5)$

체크! 체크!
두 가지 방법 모두 답이 같나요? ☐

3 다음 계산을 하세요.

$(4 \times 6) \times 2 = $ ☐

$(5 \times 2) \times 3 = $ ☐

$4 \times (6 \times 2) = $ ☐

$5 \times (2 \times 3) = $ ☐

칭찬 스티커를 붙이세요.

알게 된 사실을 써 보세요. _____

_____

문제를 다 푼 다음, 63쪽으로!

나눗셈

나눗셈을 잘하기 위해서는 곱셈을 잘 알아야 해.

1 다음 문제를 풀어 보세요.

기억하자!
나눗셈에서 나누어떨어지지 않고 남는 수를 나머지라고 해요.

1 26 ÷ 3 = _____ 나머지 _____

2 84 ÷ 9 = _____ 나머지 _____

3 29 ÷ 4 = _____ 나머지 _____   **5** 53 ÷ 6 = _____ 나머지 _____

4 47 ÷ 5 = _____ 나머지 _____   **6** 66 ÷ 7 = _____ 나머지 _____

2 15씩 뛰어 세기: 15, 30, 45, 60, 75, 90, 105, 120, 135, 150
위를 이용해 다음 나눗셈을 해 보세요.

1 90 ÷ 15 = _____   **2** 120 ÷ 15 = _____   **3** 75 ÷ 15 = _____

3 수 피라미드에서 정사각형 안의 수는 양쪽 원 안의 두 수의 곱이에요. 수 피라미드를 완성해 보세요.

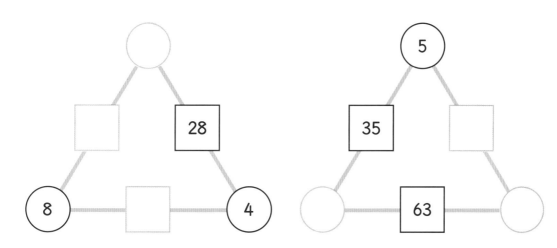

도전해 보자!

1 잇시의 생일까지 56일 남았어요. 이것은 몇 주인가요?

_____

2 에밀리는 막대 사탕을 샀어요. 막대 사탕 한 개에 90원이고 모두 540원 썼어요. 에밀리는 막대 사탕을 몇 개 샀나요?

_____

잘했어!

칭찬 스티커를 붙이세요.

문제를 다 푼 다음, 63쪽으로!

문장형 문제

조건을 잘 보고
먼저 식으로 나타내 봐.

1 다음 문제의 식을 쓰고 답을 구해 보세요.

1 한 반에 32명의 아이들이 있어요. 그중의 반은 남자아이이고 각각 연필
3자루씩 갖고 있어요. 남자아이들이 갖고 있는 연필은 모두 몇 자루인가요?

식 _____   답 _____

2 폴리와 프레야는 케이크 가게에 왔어요.
폴리는 초콜릿 케이크를 샀고 프레야는 비스킷 두 개를 샀어요.
폴리는 프레야보다 얼마를 더 내야 하나요?

초콜릿케이크	10000원
당근케이크	8000원
비스킷	3000원

식 _____   답 _____

3 축구 코치가 축구공이 6개씩 들어 있는 가방 12개와 축구공이 9개씩 들어 있는 가방 5개를
가지고 있어요. 축구 코치가 가지고 있는 축구공은 모두 몇 개인가요?

식 _____   답 _____

2 다음 식을 보고 알맞은 문제를 만들어 보세요.

4 × 1.5 − 2 _____

_____

(8 − 3) × 2 _____

_____

괄호는 먼저 계산해.
그래서 8에서 3을 먼저 뺀 다음
2배 하면 돼.

체크! 체크!
문제를 만들 때 계산 순서를 잘 생각했나요?

칭찬 스티커를
붙이세요.

문제를 다 푼 다음, 63쪽으로!

반올림, 버림

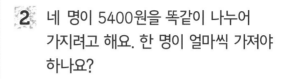

정확한 답을 구하는 것이 좋을까, 반올림한 값을 구하는 것이 좋을까?

1 다음 문제를 풀어 보세요.

---

1 23명이 택시를 타고 공항에 가려고 해요. 택시 1대에는 4명이 탈 수 있어요. 택시는 몇 대 필요한가요?

$$4\overline{)23} = 5\frac{3}{4}$$
$$= 6 \text{ 대}$$

반올림 ✓   버림 ☐
정확한 값 ☐   답 __6 대__

---

2 네 명이 5400원을 똑같이 나누어 가지려고 해요. 한 명이 얼마씩 가져야 하나요?

반올림 ☐   버림 ☐
정확한 값 ☐   답 _____

---

3 에머슨은 25000원을 가지고 있고 이 돈으로 연필을 사려고 해요. 연필 한 자루는 800원이에요. 에머슨은 연필을 최대 몇 자루 살 수 있나요?

반올림 ☐   버림 ☐
정확한 값 ☐   답 _____

---

4 찰리가 케이크를 만들고 있어요. 케이크 하나 만드는 데 계란이 3개 필요해요. 찰리가 계란 25개를 가지고 있다면 찰리가 만들 수 있는 케이크는 몇 개인가요?

반올림 ☐   버림 ☐   정확한 값 ☐
답 _____

칭찬 스티커를 붙이세요.

체크! 체크!
문제에 맞게 반올림, 버림 또는 정확한 값을 잘 구했나요?   ☐

문제를 다 푼 다음, 63쪽으로!

대칭

기억하자!
대칭은 대칭축을 따라 접었을 때 완전히 포개어지는 모양이에요.

1 각 도형에 대칭축을 그리세요.

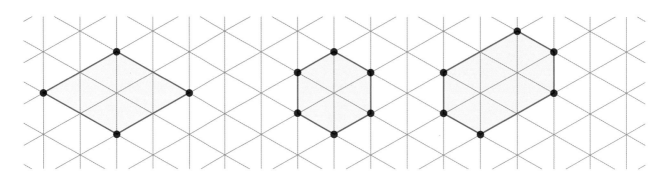

2 선대칭도형이 되도록 나머지 반쪽을 그리세요

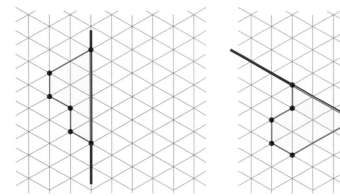
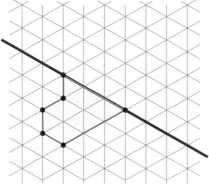
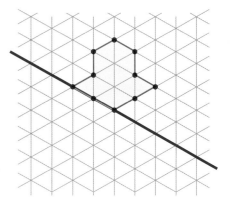

3 색칠된 부분에 마음껏 도형을 그리세요. 그다음 가운데 선을 대칭축으로 하여 선대칭도형이나 선대칭 위치에 있는 도형을 그리세요.

대칭 위치를 찾을 때 점을 이용하면 좋아.

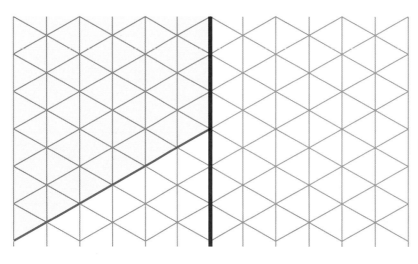

칭찬 스티커를 붙이세요.

체크! 체크!

자를 사용해 보았나요? ☐

46

문제를 다 푼 다음, 63쪽으로!

표와 그래프

1 다음 표는 어린이들이 4일 동안 운동한 내용이에요.

	월요일	화요일	수요일	목요일
달리기	톰	네이트 에드워드	알렉스	로시
테니스		톰	댄 캐롤라인	네이트
수영	알렉스	댄	로시	

달리기와 수영을 모두 한 어린이의 이름을 쓰세요.

_____

_____

2 다음을 보고 물음에 답하세요.

이름	머리 색깔	눈동자 색깔
롭	금색	파란색
아미르	갈색	갈색
엘라	갈색	파란색

위 내용을 이용하여 아래 표의 빈칸에 알맞은 이름을 쓰세요.

	금색 머리	갈색 머리
파란 눈동자		
갈색 눈동자		

이 어린이는 로빈이에요.
첫 번째 표에 로빈의 이름과 머리 색깔,
눈동자 색깔을 알맞게 쓰세요.
두 번째 표의 알맞은 칸에 로빈의 이름을 쓰세요.

칭찬 스티커를
붙이세요.

문제를 다 푼 다음, 63쪽으로!

반올림

때때로 수학에서 정확한 값을 나타내기 어려울 때가 있어. 이럴 때 가장 가까운 값으로 나타내지.

1 자를 이용해 자신의 키를 재어 보세요.

m와 cm로 나타내세요.

_____

친구의 키는 1m에 가까운가요, 2m에 가까운가요?

_____

2 다음 수를 수직선 위에 나타내세요.

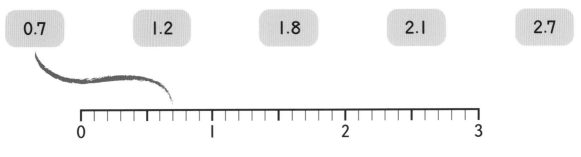

반올림하여 일의 자리까지 나타내세요.

0.7을 반올림하면 ___1___   1.2를 반올림하면 _____   1.8을 반올림하면 _____

2.1을 반올림하면 _____   2.7을 반올림하면 _____

3 어린이 5명이 100m 달리기를 한 결과를 초로 나타냈어요. 등수를 정해 알맞은 스티커를 붙이고 기록을 반올림하여 일의 자리까지 나타내세요.

이름		기록(초)	반올림한 기록(초)
아담		15.23	
에스텔		14.05	
레오		15.30	
잭		14.50	
벨		14.65	

확인하기

답이 맞는지 확인하는 방법은 여러 가지 있어.

1 다음과 같이 관계있는 계산식을 이용하여 식이 참인지 알아보세요.

계산식이 참이면 스마일 얼굴 그림을 그리세요.

$219 \div 3 = 73$ $7193 - 1823 = 5370$ $39 \times 5 = 185$

$73 \times 3 = 219$ $5370 + 1823 =$

참   ☺   ◯   ◯

2 다음 식 중 두 개가 거짓이에요. 각 수를 반올림하여 일의 자리까지 나타내 계산하여 답을 어림해 보세요. 거짓인 식을 찾아 슬픈 얼굴 그림을 그리세요.

$3.9 + 7.1 = 10$ $17.9 + 12.1 = 30$ $25.4 \div 5.1 = 7.8$ $2.7 \div 1.8 = 1.5$

◯   ◯   ◯   ◯

3 다음 문제의 답이 맞는지 확인해 보고 설명해 보세요.

	답	설명
카트리오나는 63페이지짜리 스티커 책이 있는데 각 페이지마다 스티커가 8개 있어요. 이 책에 있는 스티커는 모두 몇 개인가요?	$115\frac{1}{2}$개	
로지의 나이는 오빠 나이의 반이고 오빠의 나이는 9세예요. 2년 후에 로지는 몇 세가 되나요?	11세	
10명이 휴가를 갔는데 총 비용이 3690000원 들었어요. 한 사람이 얼마씩 비용을 썼나요?	369000원	

세 번째 문제는 계산을 안 해도 알 수 있어.

칭찬 스티커를 붙이세요.

문제를 다 푼 다음, 63쪽으로!

음수

기억하자!

0보다 작은 수를 음수라고 해요.
음수는 −를 이용해서 표시해요.

1 더 큰 수에 색칠하세요.

| 15 | −19 | | −9 | −5 | | −1 | 8 | | −7 | −3 |

2 다음 수를 수직선에 나타내세요.

1 −5보다 4만큼 더 큰 수

-10 -9 -8 -7 -6 -5 -4 -3 -2 -1 0 1 2 3 4 5

2 3보다 8만큼 더 작은 수

-10 -9 -8 -7 -6 -5 -4 -3 -2 -1 0 1 2 3 4 5

3 −9보다 7만큼 더 큰 수

-10 -9 -8 -7 -6 -5 -4 -3 -2 -1 0 1 2 3 4 5

4 −2보다 5만큼 더 큰 수

-10 -9 -8 -7 -6 -5 -4 -3 -2 -1 0 1 2 3 4 5

3 가장 큰 수부터 차례대로 쓰세요.

| 3 | −4 | −1 | 8 | 4 | −5 | 2 | 0 | −7 |

| 8 | | | | | | | | |

수직선을 이용해서
풀면 쉬워.

가장 큰 수 → 가장 작은 수

도전해 보자!

토요일에 스톡홀름의 기온은 −3℃였고 파리의 기온은 8℃였어요.
파리는 스톡홀름보다 기온이 얼마나 더 높았나요?

_____

문제 해결 (2)

1 왼쪽의 직사각형으로 오른쪽과 같은 큰 직사각형을 만들었어요.

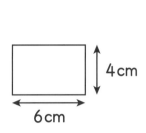

4 cm
6 cm

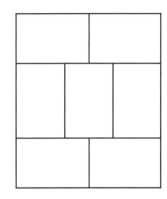

오른쪽 직사각형의 둘레와 넓이를 구하세요.

_____

둘레 = _____   넓이 = _____

2 식이 참이 되도록 알맞은 스티커를 붙이세요.

◯ × ◯ = 10의 배수

◯ × ◯ = 40과 50 사이의 수

◯ × ◯ = 6의 배수

> 마법의 사각형에서는 가로, 세로, 대각선의 세 수를 더하면 모두 같아.

3 마법의 사각형이에요. 빈칸을 채우세요.

0.7	0.5	0.3
0.6		

		0.7
		0.5
	0.1	1.5

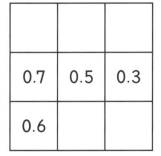

잘했어!

칭찬 스티커를 붙이세요.

문제를 다 푼 다음, 63쪽으로!

분수

1 더해서 1이 되는 분수끼리 선으로 이어 보세요.

$\frac{1}{7}$

$\frac{3}{5}$

$\frac{3}{4}$

$\frac{4}{7}$

$\frac{1}{4}$

$\frac{2}{5}$

$\frac{1}{3}$

$\frac{6}{7}$

$\frac{3}{7}$

$\frac{2}{3}$

2 다음을 계산하세요.

1 $10 - 5\frac{4}{5} =$ _____

2 $10 - 6\frac{1}{3} =$ _____

3 $10 -$ _____ $= 2\frac{5}{7}$

4 $10 -$ _____ $= 8\frac{2}{9}$

3 나르, 아이제 그리고 로만의 위치를 수직선에 분수로 표시하세요.

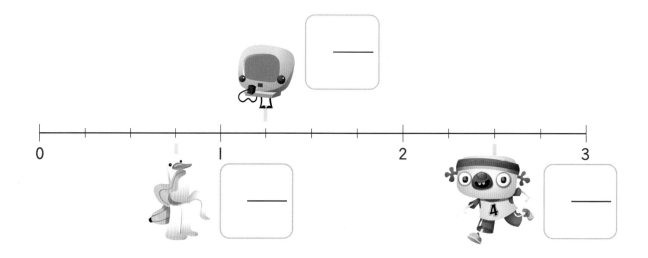

도전해 보자!

$\frac{1}{4}$이 몇 개 있으면 1이 되나요? _____

$\frac{1}{3}$이 몇 개 있으면 1이 되나요? _____

$\frac{1}{5}$이 몇 개 있으면 1이 되나요? _____

4 **1** 자전거를 $\frac{1}{3}$만큼 선으로 묶으세요.

전체를 똑같이 3으로 나누면 그 하나가 $\frac{1}{3}$이야.

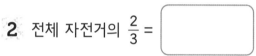

전체 자전거 수 =

전체 자전거의 $\frac{1}{3}$ =

2 전체 자전거의 $\frac{2}{3}$ =

5 다음 표를 완성하세요.

1(전체)	$\frac{1}{4}$	$\frac{1}{2}$	$\frac{1}{5}$	$\frac{2}{5}$
200 mL				
		500 g		
			3000원	

도전해 보자!

연필 두 개가 다음과 같이 놓여 있어요.

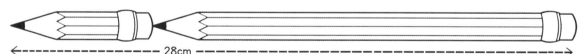

← ----------------- 28cm ----------------------- →

긴 연필은 짧은 연필의 세 배예요. 각 연필의 길이는 얼마인가요?
분수를 이용해 풀어 보세요.

_____   _____

칭찬 스티커를 붙이세요.

체크! 체크!
답에 단위를 썼나요? ☐

문제를 다 푼 다음, 63쪽으로!

나눗셈: 세로셈

1 다음 나눗셈을 해 보세요.

1 3$\overline{)63}$　　　**2** 2$\overline{)42}$　　　**3** 7$\overline{)77}$

4 2$\overline{)84}$　　　**5** 3$\overline{)39}$　　　**6** 2$\overline{)66}$

2 다음 나눗셈을 해 보세요.

나눗셈은
높은 자리부터 해요.

1 3$\overline{)72}$　　　**2** 4$\overline{)68}$　　　**3** 5$\overline{)75}$

4 8$\overline{)96}$　　　**5** 3$\overline{)54}$　　　**6** 6$\overline{)84}$

도전해 보자!

1 메리는 씨앗 369개를 아홉 개의 화분에
똑같이 나누어 심었어요. 화분 하나에는
몇 개의 씨앗을 심었나요? 세로셈으로
계산하세요.

2 어떤 수의 마지막 세 자리 수가 8로
나누어떨어지면 그 수 전체도 8로
나누어떨어져요. 5129786이 8로
나누어떨어지는지 세로셈으로 알아보세요.

나눗셈 전략

480 ÷ 60 = 8이니까 480에 색칠해.

1 10의 배수로 나누었을 때 몫이 각각 3, 8이 되는 수를 모두 찾아 색칠하세요.

1

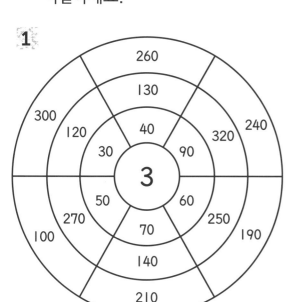

2

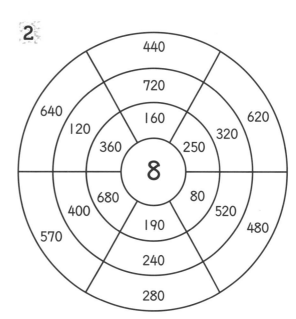

2 다음 계산을 해 보세요.

1 350 ÷ 5 = _____

2 180 ÷ 6 = _____

3 480 ÷ 6 = _____

3 다음과 같이 계산해 보세요.

1 364 ⟨ 360 ÷4→ 90 ⟩ 91
       ⟨ 4   ÷4→ I

2 248 ⟨ 240 ÷4→
       ⟨   ÷4→

3 156 ⟨ 160 ÷4→
       ⟨ 4   ÷4→

4 272 ⟨   ÷4→
       ⟨   ÷4→

기억하자!
나눗셈을 하기 위해 가장 가까운 10의 배수를 찾아. 156은 160에 가장 가까우니까 먼저 160을 4로 나눠 봐.

칭찬 스티커를 붙이세요.

55

문제를 다 푼 다음, 63쪽으로!

로마 숫자

로마인들은 숫자를 나타내기 위해 지금 우리가 사용하는 것과 다른 기호를 사용했어. 오늘날 우리가 사용하는 숫자 기호는 아라비아 숫자라고 해.

1 로마 숫자와 아라비아 숫자를 같은 것끼리 선으로 이어 보세요.

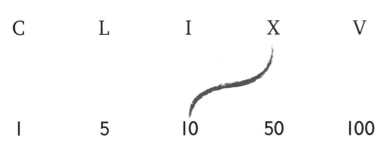

C   L   I   X   V

1   5   10   50   100

2 빈칸에 알맞은 로마 숫자를 쓰세요.

I		III	IV			VII	VIII	
	XII				XVI		XIX	XX

3 아이제는 수를 로마 숫자로 쓰고 있어요. 그런데 순서를 잘못 썼어요. 순서를 바르게 써 보세요.

수	잘못 쓴 로마 숫자	바른 로마 숫자
370	CCLXXC	
73	LIIIXX	
118	VCXIII	

4 시계가 나타내는 시각을 읽어 보세요.

_____   _____

도전해 보자!

로마 숫자 I, V, X, L을 한 번씩 사용하여 만들 수 있는 가장 큰 수는 무엇인가요?

_____

수 체계의 역사

1 마야인들은 세 가지 기호로 모든 수를 나타냈어요. 다음은 마야인들이 0부터 10까지 나타낸 표예요.

	•	••	•••	••••	___	<u>•</u>	<u>••</u>	<u>•••</u>	<u>••••</u>	=
0	1	2	3	4	5	6	7	8	9	10

다음 계산을 하세요.

1 •••• + <u>•</u> = _____   **2** <u>••••</u> – ••• = _____

3 ≡ × = _____   **4** <u>•••</u> ÷ •• = _____

다음 기호가 나타내는 수는 무엇일까요?

_____   _____   _____

---

2 이집트인들은 다음과 같은 기호를 이용해 1000까지의 수를 나타냈어요.

1 =	⎮
10 =	∩
100 =	ϱ

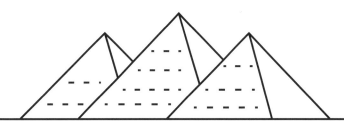

다음 기호가 나타내는 수는 무엇일까요?

_____   _____

456을 이집트의 숫자 기호로 나타내세요.

칭찬 스티커를 붙이세요.

문제를 다 푼 다음, 63쪽으로!

시간에 따른 자료의 변화

1 팍타는 자전거를 타요. 다음은 팍타가 자전거를 탄 기록이에요.

기억하자!
세로축은 거리를 나타내요.

시각	오전 9:00	오전 9:30	오전 10:00	오전 10:30	오전 11:00	오전 11:30	오후 12:00	오후 12:30
거리	0	7km	12km	12km	18km	22km	22km	25km

위 표를 꺾은선그래프로 나타내세요.

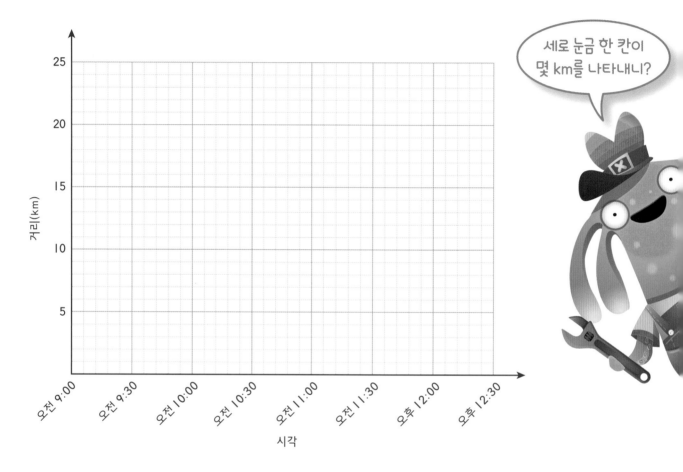

세로 눈금 한 칸이 몇 km를 나타내니?

그래프를 보고 다음 문제를 풀어 보세요.

1 오전 11:15에 간 거리는 얼마인가요? _____

2 오전 10:15에는 무엇을 하고 있었을까요? _____

3 팍타가 15km를 간 시각은 언제인가요? _____

체크! 체크!
그래프에 점을 정확하게 찍었나요? ☐

2 오른쪽은 10세까지 칼럼의 몸무게를 나타낸
그래프예요.

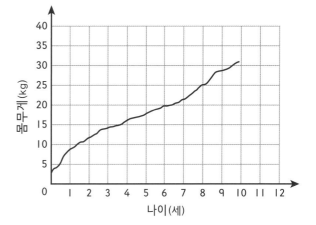

1 칼럼이 태어났을 때의 몸무게는 약 얼마인가요?

0~5kg [ ]   5~10kg [ ]

10~15kg [ ]   15~20kg [ ]

2 칼럼의 몸무게가 20kg일 때는 몇 세였나요? _____

3 칼럼의 11세 생일에 몸무게가 35kg이었어요. 이것을 그래프에 추가해 보세요.

3 다음은 욕조의 온도를 나타낸 그래프예요. 글을 읽고 알맞은 그래프와 선으로 이어
보세요.

① 찬물을 틀었더니 온도가 점점 낮아지고 있어요.   ② 뜨거운 물을 틀었다가 잠그고 찬물을 틀었어요.

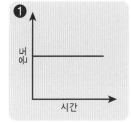 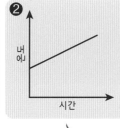 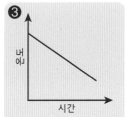 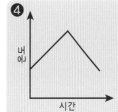 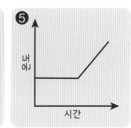

③ 온도가 변하지 않고
동일해요.

④ 뜨거운 물이 틀어져 있어
온도가 점점 올라가고 있어요.

⑤ 온도가 변하지 않다가 뜨거운
물을 틀었더니 온도가 변했어요.

난 따뜻한 물에서
목욕하는 게 좋아.

목욕하고 싶다.

칭찬 스티커를
붙이세요.

59

문제를 다 푼 다음, 63쪽으로!

까다로운 퍼즐

1

1 3427을 다음과 같이 나타냈어요.

천의 자리	백의 자리	십의 자리	일의 자리
● ● ●	● ● ● ●	● ●	● ● ● ● ● ● ●

점 한 개를 옮겨 99만큼 더 큰 수를 만들어 보세요.

천의 자리	백의 자리	십의 자리	일의 자리

2 점 10개를 사용하여 3000과 4000 사이의 수 중 25의 배수이면서 홀수인 수를 만들어 보세요.

천의 자리	백의 자리	십의 자리	일의 자리

2 오른쪽 육각형에 선 2개를 그려 직각삼각형, 이등변삼각형, 사다리꼴로 나누어지게 만들어 보세요.

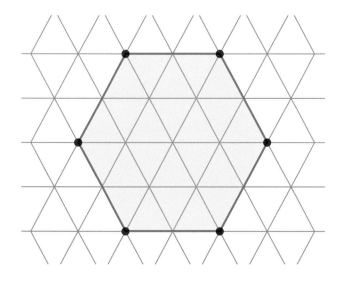

3 막대기 세 개의 길이는 원 두 개의 지름과 같아요.

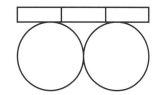

막대기 27개의 길이는 원 몇 개의 지름과 같을까요?

4 오른쪽은 2022년 새해를 맞기 전 어느 날 찍은 사진이에요. 사진에 있는 일, 시, 분이 새해를 맞기 전 마지막 날 자정까지 남은 날짜와 시간을 나타내는 것이라면 사진을 찍은 정확한 날짜와 시각은 언제인가요?

5 사람들이 어디에 사는지 알아보세요.

피터와 캣은 길의 끝에 살고 서로 반대쪽에 살아요.
쿠마이의 집 번호는 트리샤의 집 번호의 두 배예요.
제임스는 피터 집에서부터 집 2채 떨어진 곳에 살아요.
마벨과 제임스는 이웃이에요.
프랭크는 7번 번호 집에 살아요.
아무도 살지 않는 집은 어디인가요?

빈칸에 사람 이름을 쓰면서 풀어 봐. 그러면 쿠마이와 트리샤가 어디 사는지도 알 수 있어.

문제를 풀 때 여기 빈 곳을 사용해 봐.

칭찬 스티커를 붙이세요.

문제를 다 푼 다음, 63쪽으로!

나의 실력 점검표

얼굴에 색칠하세요.

쪽	나의 실력은?	스스로 점검해요!		
2~3	전에 배웠던 것을 기억해요.	😊	😐	🙁
4~6	1000보다 큰 수 문제를 풀 수 있어요.	😊	😐	🙁
7~9	곱셈표를 알고 곱셈표를 이용해서 문제를 해결할 수 있어요.	😊	😐	🙁
10~11	막대그래프를 이용하여 자료를 표시할 수 있고 분모가 같은 분수의 덧셈을 할 수 있어요.	😊	😐	🙁
12	예각, 둔각, 직각을 알아요.	😊	😐	🙁
13~15	자릿값을 이용하여 소수 한 자리 수와 소수 두 자리 수를 쓸 수 있어요.	😊	😐	🙁
16~17	m와 km를 사용하여 길이를 설명할 수 있어요.	😊	😐	🙁
18~19	네 자리 수의 덧셈과 뺄셈을 세로셈으로 할 수 있어요.	😊	😐	🙁
20~21	특별한 삼각형과 사각형에 대해 이야기할 수 있어요.	😊	😐	🙁
22~23	암산으로 계산할 수 있어요.	😊	😐	🙁
24~25	12시간, 24시간 단위를 사용하여 시각과 시간에 대해 이야기할 수 있고 시각과 시간 문제를 해결할 수 있어요.	😊	😐	🙁
26~27	수를 10, 100으로 나눌 수 있고 소수 두 자리 수까지 이해할 수 있어요.	😊	😐	🙁
28~29	동전과 지폐의 금액을 알고 돈 계산을 할 수 있어요.	😊	😐	🙁
30~31	빠르게 계산하는 데 도움이 되는 전략을 사용할 수 있어요.	😊	😐	🙁
32~33	수에 관한 문제와 문장형 문제를 해결할 수 있어요.	😊	😐	🙁

쪽	나의 실력은?	스스로 점검해요!		
34~35	곱셈을 세로셈으로 할 수 있고 크기가 같은 분수를 찾을 수 있어요.	☺	☺	☹
36~37	도형의 둘레와 넓이를 계산할 수 있어요.	☺	☺	☹
38~39	다른 측정 단위를 서로 변환할 수 있고 저울에서 측정값을 읽을 수 있어요.	☺	☺	☹
40~41	좌표평면에서 좌표를 사용하여 위치를 설명할 수 있고 도형을 이동할 수 있어요.	☺	☺	☹
42	수학 법칙을 사용하여 계산할 수 있어요.	☺	☺	☹
43	나머지가 있는 나눗셈을 할 수 있어요.	☺	☺	☹
44	덧셈, 뺄셈, 곱셈, 나눗셈을 이용하여 문장형 문제를 해결할 수 있어요.	☺	☺	☹
45	문장형 문제를 해결할 때 나머지를 올릴지, 버릴지 결정할 수 있어요.	☺	☺	☹
46	평면도형의 대칭을 알고 대칭인 도형을 그릴 수 있어요.	☺	☺	☹
47	표와 그래프에서 자료를 읽을 수 있어요.	☺	☺	☹
48~49	소수를 반올림할 수 있고 답을 확인하기 위해 전략을 사용할 수 있어요.	☺	☺	☹
50~51	음수를 읽고 쓸 수 있으며 문제를 해결할 수 있어요.	☺	☺	☹
52~53	분수 문제를 풀 수 있어요.	☺	☺	☹
54~55	세로셈과 이미 알고 있는 사실을 이용하여 나눗셈을 할 수 있어요.	☺	☺	☹
56~57	로마 숫자를 읽을 수 있고 또 다른 수 체계도 이용할 수 있어요.	☺	☺	☹
58~59	시간에 따른 자료의 변화를 그래프로 나타내고 읽을 수 있어요.	☺	☺	☹
60~61	까다로운 퍼즐을 풀 수 있어요.	☺	☺	☹

너는 어때?

정답

2~3쪽

1. 홀수: 2389, 3881, 2573   짝수: 5300, 4782, 7318

2.

	365		10만큼 더 큰 수 →
455	465		
545	**555**	565	
	655		↓ 100만큼 더 큰 수

	118		10만큼 더 큰 수 →
208	218	228	
308	**318**	328	
	418		↓ 100만큼 더 큰 수

3-1. 61, 161, 261, 361   **3-2.** 896, 906, 926, 946

4. 만 오천구, 8880, 1200

5. 48 + 35, 35 + 48, 38 + 45, 45 + 38

6-1. 250, 750 / 950, 50 / 0, 1000 / 850, 150 /
700, 300 / 500, 500 / 200, 800 / 650, 350

6-2. 322, 678 / 415, 585 / 669, 331 / 160, 840 /
6, 994 / 463, 537 / 79, 921 / 726, 274

7. 1보다 작은 수: $\frac{3}{4}, \frac{5}{7}, \frac{1}{9}, \frac{1}{3}, \frac{5}{9}, \frac{7}{8}$

1보다 큰 수: $\frac{7}{5}, \frac{3}{2}, \frac{6}{3}, \frac{5}{2}, \frac{6}{4}$

4~5쪽

1-1. 4000, 5000, 6000   **1-2.** 1063, 1163, 1263

1-3. 천, 천이백

2-1. 2727, 4727   **2-2.** 7021, 9021

3. 250, 500, 750

도전해 보자! 8740

4.

1000	993	982	1817	1775	1562	2176	2516	2138	2771
1042	1007	1208	1391	1617	1866	2017	2401	1928	2198
1103	1207	1499	1350	1461	1752	1902	2118	2000	2009
1017	1176	1503	1018	2901	2910	3018	2761	3090	2887
1837	1763	1761	1350	2809	2457	3555	3162	2817	2817
1919	1619	1018	1461	2821	3013	3559	3321	3333	3398
2017	1999	1107	2651	2781	2121	3651	3218	3412	3613
2019	2317	2419	2415	2761	2451	3673	3271	3265	3017
2000	2222	2761	2098	3172	2763	3697	3517	3638	3400
2772	2818	2871	3018	3319	3526	3715	3816	3996	3999
2071	2916	2817	2676	2212	3142	3517	3746	3812	4000

도전해 보자! 6000, 6, 600

6쪽

1. >, >, <   **2.** 500, 3000, 7000, 5500

3. 아이의 답을 확인해 주세요.

7쪽

아이의 답을 확인해 주세요.

8~9쪽

1-1. 9일   **1-2.** 29개

2-2. 15 ÷ 3 = 5, 15 ÷ 5 = 3

2-3. 42 ÷ 6 = 7, 42 ÷ 7 = 6

3. × 10 ✓   × 100 ☐   × 45 ☐   두 배 ☐

4. 2, 10, 24, 12, 8, 16, 80, 5, 10, 42, 70, 21

5-1. 3번   **5-2.** 54

6. 네모: 21, 28   세모: 24, 28   동그라미: 30

7. 52, 84, 128

10쪽

1.

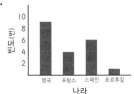

2. 참, 거짓, 참, 거짓

11쪽

1. $\frac{2}{6}, \frac{3}{6}, \frac{5}{6}$ **2.** $\frac{1}{7}, \frac{6}{7}$ / $\frac{4}{7}, \frac{3}{7}$ / $\frac{2}{7}, \frac{5}{7}$

3. $\frac{1}{5}, \frac{1}{3}, \frac{5}{8}$ **4.** <, >, >

도전해 보자! $\frac{6}{9}$

12쪽

1. C, A, D, B   **2.** 아이의 답을 확인해 주세요.

3.

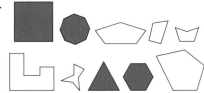

13쪽

1. 한 조각의 길이가 각각 1cm, 5mm, 1.5cm가 되도록
나누세요.

2-2. 0.4, $\frac{4}{10}$ **2-3.** 3.6, $3\frac{6}{10}$ **2-4.** 3.9, $3\frac{9}{10}$

3. 0.5, 0.6, 0.7 / 3.7, 3.9, 4.1

도전해 보자! 5.9

14~15쪽

1. ☐ – 10분의 4
■ – (10분의 2) + (100분의 6)
☐ – (10분의 4) + (100분의 5)
▦ – (10분의 7) + (100분의 1)

2. 0.4, 0.26, $\frac{45}{100}$, $\frac{71}{100}$, 0.71

3. 1.28, 1.37, 1.43

4-1. 0.93, 1.03, 1.13   **4-2.** 0.15, 0.16, 0.18, 0.19

4-3. 0.75, 1.5

5. 10분의 23, 👉 🔢 500 🔢 1000, $\frac{9}{10}$

6. 0.35, 0.61, 0.07

16~17쪽

1-1. km   **1-2.** cm   **1-3.** km   **1-4.** m

2-1. <   **2-2.** >   **2-3.** >

3. 147km, 186km, 168km, 121km

4-1. 1km 500m   **4-2.** 3km 300m

5. 260m, 2km 50m, $2\frac{1}{2}$km, 2750m

6. 200mm, 0.5km

도전해 보자! 300000cm

18쪽

1. 269, 312, 426, 888   **2.** 5900, 6606, 6572

3-1. 1, 7   **3-2.** 3, 3, 8   **3-3.** 9, 0, 4

도전해 보자! 1066 + 739 = 1805, 1805년

19쪽

1. 122, 578, 7462, 3409

2. 1096 / 어림값 5000, 4969 / 어림값 4000, 4003

3. 1564 − 1451 = 113, 113년

20~21쪽

1-1. ✓☐   **1-2.** ✓☐

1-3. ✓✓   **1-4.** ✓☐

2. 3개, 1개, 0개

3.

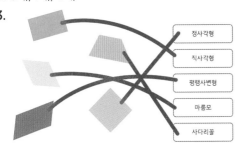

정사각형 / 직사각형 / 평행사변형 / 마름모 / 사다리꼴

4. 아이의 답을 확인해 주세요.

22~23쪽

1. 아이의 답을 확인해 주세요.

2. 0.25와 0.75, 0.55와 0.45, 0.65와 0.35, 0.15와 0.85

3-1. 100   **3-2.** 10   **3-3.** 100

3-4. 100   **3-5.** 100   **3-6.** 10

4. ✓, ✓, ✗, ✓, ✗, ✗

5. 0~250: 997의 $\frac{1}{4}$, 258 − 152, 480 ÷ 3

250~500: 710 − 388, 89 + 403

501~750: 47 × 12

751~1000: 4 × 205

24~25쪽

1. 아이가 시계에 그린 바늘을 확인해 주세요.

오후 3:30, 7시, 오전 12:05, 8시 15분

2. 2, 155, 90, 150

3-1. 12분   **3-2.** 공원   **3-3.** 13 : 12

4-1. 1, 23, 18

4-2. 이것은 시각이 아니라 걸린 시간이에요.

5. 분침이 6을 가리키게 그리세요.

분침이 2와 3 사이를 가리키게 그리세요.

분침이 9를 가리키게 그리세요.

26쪽

1-1. 67   **1-2.** 819.4   **1-3.** 7.21   **1-4.** 52.97

2. 25, 2.5 / 71.6, 7.16 / 1678, 167.8 / 672, 6.72 /

자유롭게 쓰세요.

27쪽

1. 5.57, 5.99, 5.75

2. 1.85, 1.95, 2.05 / 2.01, 2.00, 1.99

3. 2, 1, 0.5, 0.25

4. 6.32 × 100, 2 / 632 ÷ 10, $\frac{2}{10}$ / 63.2 × 100, 20 /

6320 ÷ 1000, $\frac{2}{100}$

도전해 보자! 8.12 × 100 = 812

28~29쪽

1-1. 4050원   **1-2.** 1610원   **1-3.** 11280원   **1-4.** 2150원

2. 아이의 답을 확인해 주세요.

3-1. 47990원, 74090원, 79940원, 97490원

3-2. 8990원, 89490원, 89940원, 98040원

4. 26, 15, 15

5-1. 5680원   **5-2.** 4950원   **5-3.** 8010원   **5-4.** 9330원

도전해 보자! 16000 × 2 = 32000, 32000 + 9500 = 41500,

50000 − 41500 = 8500, 8500원

30~31쪽

1. 8 × 30, 24 × 10, 12 × 20, 6 × 40

2. 4100, 1700, 3950

3. 25가 50의 반이므로 3100을 반으로 나누면 돼요.

답은 1550

4. 400, 600, 1300

5~6. 9, 9, 9, 3 / 9, 2, 7, 7 / 4, 6, 9, 4 / 7, 6, 7, 7 /

8, 6, 5, 7

32~33쪽

1. 예) 위부터 7, 4, 7, 4, 4   **2.** 6005, 7055

3. $\frac{3}{5}, \frac{1}{6}, \frac{2}{4}$ **4.** 680   **5.** 24 × 5, 31 × 5

6-1. 평행사변형 또는 마름모   **6-2.** 0.25

34쪽

1-2. 126   **1-3.** 189   **1-4.** 420

2-2. 125   **2-3.** 2040   **2-4.** 3408

3-1. 3   **3-2.** 5, 4   **3-3.** 8, 5

4. 36 × 8 = 288(개)

35쪽

1. 예) $\frac{6}{8}, \frac{4}{10}, \frac{2}{3}, \frac{4}{5}$ **2-1.** $\frac{7}{10}$

2-2. $\frac{5}{6}$ **3.** $\frac{2}{6}$(또는 $\frac{1}{3}$)

36~37쪽

1-1. 14   **1-2.** 12   **1-3.** 14

2. 17cm   **3-1.** 20   **3-2.** 38

4. 6, 2   **5-1.** 8, 3   **5-2.** 8, 3

6-1.   **6-2.**   **6-3.**

둘레 8 cm 넓이 4 cm²   둘레 10 cm 넓이 4 cm²   둘레 10 cm 넓이 4 cm²

6-4.   **6-5.**

둘레 10 cm 넓이 4 cm²   둘레 10 cm 넓이 4 cm²

38쪽

1-1. 50g   **1-2.** 200mL

2. 2kg, 2000g / 7kg, 7000g / 500g, $\frac{1}{2}$kg

3-1. 8000   **3-2.** 2651   **3-3.** 15500   **3-4.** 5040

4-1. 5   **4-2.** 7.5   **4-3.** 3.182   **4-4.** 10.6

도전해 보자! 1. 400mL   **2.** 30cm

39쪽

1. 32kg, 1.15kg

2.

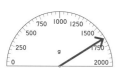

3-1. 1000   **3-2.** 500

3-3.

40쪽

1. 빨간색: (3,4), (6,3)   초록색: (4,1), (2,1)
파란색: (7,2), (5,5), (6,5), (7,4)

2. 정사각형, 막대그래프 / 아이의 답을 확인해 주세요.

41쪽

1. 4, 5

2. 왼쪽으로 1칸, 위로 4칸 이동해요.

42쪽

1-1. ✓   **1-2.** ✗   **1-3.** ✓   **1-4.** ✗

2-2.

5 × (8 + 2)

5 × 8 + 5 × 2   40 + 10   50

5 × 10   50

2-3.

7 × (3 + 4)

7 × 3 + 7 × 4   21 + 28   49

7 × 7   49

2-4.

6 × (10 − 5)

6 × 10 − 6 × 5   60 − 30   30

6 × 5   30

3. 48, 30, 계산 순서를 바꾸어 계산해도 결과는 같아요.

43쪽

1-1. 8, 2   **1-2.** 9, 3   **1-3.** 7, 1

1-4. 9, 2   **1-5.** 8, 5   **1-6.** 9, 3

2-1. 6   **2-2.** 8   **2-3.** 5

3. (위부터 시계 방향으로) 7, 32, 56 / 45, 9, 7

도전해 보자! 1. 8주   **2.** 6개

44쪽

1-1. 32 ÷ 2 = 16, 16 × 3 = 48(자루)

1-2. 3000 + 3000 = 6000, 10000 − 6000 = 4000(원)

1-3. 12 × 6 = 72, 5 × 9 = 45, 72 + 45 = 117(개)

2. 아이의 답을 확인해 주세요.

45쪽

1-2. 5400 ÷ 4 = 1350, 1350원(정확한 값)

1-3. 25000 ÷ 800 = 31.25, 31자루(버림)

1-4. 25 ÷ 3 = 8 나머지 1, 8개(버림)

46쪽

아이의 답을 확인해 주세요.

47쪽

1. 알렉스, 로시

2. 로빈, 금색, 갈색 / 위 칸: 롭, 엘라, 아래 칸: 로빈, 아미르

48쪽

1. 아이와 함께 아이의 키를 재고 문제를 풀어 보세요.

2. 소수를 수직선 위에 바르게 나타냈는지 확인해 주세요.
    1, 2, 2, 3

3. 아담 4등, 15 / 에스텔 1등, 14 / 레오 5등, 15 / 잭 2등, 15 / 벨 3등, 15

49쪽

1. 참, 거짓　　　　**2.** 거짓, 참, 거짓, 참
3. 오답, 63 × 8 = 504(개)
　　오답, 로지 나이: 9 ÷ 2 = 4.5(세), 2년 후: 6.5세
　　정답, 3690000 ÷ 10 = 369000(원)

50쪽

1. 15, −5, 8, −3
2-1. −1　　　**2-2.** −5　　　**2-3.** −2　　　**2-4.** 3
3. 4, 3, 2, 0, −1, −4, −5, −7
도전해 보자! 11℃

51쪽

1. 둘레: 6 + 6 + 4 + 6 + 4 + 6 + 6 + 4 + 6 + 4 = 52(cm)
　　넓이: 4 × 6 = 24, 24 × 7 = 168(cm²)
2. 예) 4와 5, 6과 7, 3과 8
3. 0.2, 0.9, 0.4, 0.1, 0.8 / 0.3, 1.7, 1.3, 0.9, 1.1

52~53쪽

1. $\frac{1}{7}$과 $\frac{6}{7}$, $\frac{3}{5}$과 $\frac{2}{5}$, $\frac{1}{3}$과 $\frac{2}{3}$, $\frac{3}{4}$과 $\frac{1}{4}$, $\frac{4}{7}$와 $\frac{3}{7}$
2-1. $4\frac{1}{5}$　　**2-2.** $3\frac{2}{3}$　　**2-3.** $7\frac{2}{7}$　　**2-4.** $1\frac{7}{9}$
3. $\frac{3}{4}$, $1\frac{1}{4}$, $2\frac{1}{2}$(또는 $2\frac{2}{4}$)
도전해 보자! 4개, 3개, 5개
4-1. 12대, 4대　　　　　　**4-2.** 8대
5. (200mL), 50mL, 100mL, 40mL, 80mL
　　1000g, 250g, (500g), 200g, 400g
　　15000원, 3750원, 7500원, (3000원), 6000원
도전해 보자! 7cm, 21cm

54쪽

1-1. 21　　　　　**1-2.** 21　　　　　**1-3.** 11
1-4. 42　　　　　**1-5.** 13　　　　　**1-6** 33
2-1. 24　　　　　**2-2.** 17　　　　　**2-3.** 15
2-4. 12　　　　　**2-5.** 18　　　　　**2-6.** 14
도전해 보자! 1. 369 ÷ 9 = 41(개)
2. 나누어떨어지지 않아요.

55쪽

1-1.

1-2.

2-1. 70　　　　　**2-2.** 30　　　　　**2-3.** 80
3-2. 240 ÷ 4 = 60, 8 ÷ 4 = 2, 60 + 2 = 62
3-3. 160 ÷ 4 = 40, 4 ÷ 4 = 1, 40 − 1 = 39
3-4. 280 ÷ 4 = 70, 8 ÷ 4 = 2, 70 − 2 = 68

56쪽

1. C = 100, L = 50, I = 1, V = 5
2. II, V, VI, IX, X, XI, XIII, XIV, XV, XVII, XVIII
3. CCCLXX, LXXIII, CXVIII
4. 10시 15분, 8시 25분
도전해 보자! 66 또는 LXVI

57쪽

1-1. 10　　　**1-2.** 6　　　**1-3.** 0　　　**1-4.** 4
19, 15, 17
2. 721, 265, ∭∩∩∩ⓒⓒ
　　　　　　∭∩∩ ⓒⓒ

58~59쪽

1.
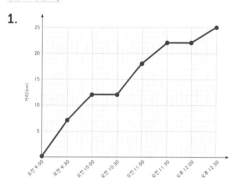

1-1. 20km　　　**1-2.** 휴식　　　**1-3.** 오전 10:45
2-1. 0~5 kg　　　**2-2.** 6세
2-3. 아이의 답을 확인해 주세요.
3. ①-❸, ②-❹, ③-❶, ⑤-❺

60~61쪽

1-1. 점 하나를 일의 자리에서 백의 자리로 옮겨요.
1-2. 3025를 만들어 보세요.
2.

3. 27 ÷ 3 = 9, 9 × 2 = 18, 18개
4. 2021년 12월 11일 오후 2시 15분
5. ❶ 캣, ❷ 트리샤, ❸ 비어 있음,
　　❹ 쿠마이, ❺ 마벨, ❻ 제임스,
　　❼ 프랭크, ❽ 피터

런런 옥스퍼드 수학

5-5 수학 종합

초판 1쇄 발행 2022년 12월 6일

글·그림 옥스퍼드 대학교 출판부 **옮김** 상상오름

발행인 이재진 **편집장** 안경숙 **편집 관리** 윤정원 **편집 및 디자인** 상상오름

마케팅 정지운, 김미정, 신희용, 박현아, 박소현 **국제업무** 장민경, 오지나 **제작** 신홍섭

펴낸곳 (주)웅진씽크빅

주소 경기도 파주시 회동길 20 (우)10881

문의 031)956-7403(편집), 02)3670-1191, 031)956-7065, 7069(마케팅)

홈페이지 www.wjjunior.co.kr **블로그** wj_junior.blog.me **페이스북** facebook.com/wjbook

트위터 @wjbooks **인스타그램** @woongjin_junior

출판신고 1980년 3월 29일 제406-2007-00046호

원제 PROGRESS WITH OXFORD: MATH

한국어판 출판권 ⓒ(주)웅진씽크빅, 2022 **제조국** 대한민국

ISBN 978-89-01-26541-4
ISBN 978-89-01-26510-0 (세트)

잘못 만들어진 책은 바꾸어 드립니다.

주의 1. 책 모서리가 날카로워 다칠 수 있으니 사람을 향해 던지거나 떨어뜨리지 마십시오.

　　　2. 보관 시 직사광선이나 습기 찬 곳은 피해 주십시오.